≡我的≡ 探险研学书

关于沙漠、湿地、高山、草原、雨林冒险的生命体验

非洲大草原

[英] 西蒙·查普曼 / 著

陈蜜 / 译

电子工业出版社

Publishing House of Electronics Industry

北京·BEIJING

去非洲探险

这一次，我打算去非洲南部的博茨瓦纳，穿越灌木丛生的卡拉哈里沙漠，然后进入纳米布沙漠的沙丘。（也可能会到达骷髅海岸。）然后，我将前往埃托沙盐沼附近干燥的多刺灌木丛，希望能在那里看到黑犀牛和南部白犀牛。沿途并不全都是干燥的气候和灰尘漫天的景象，因为卡拉哈里沙漠的中心有一片广阔的沼泽地带——奥卡万戈三角洲。这里到处都是野生动物，比如河马、鳄鱼和大象，不过我只研究其中的一小部分。

私人装备清单

1. 长裤和长袖衬衫——用来抵御奥卡万戈三角洲的蚊子，并让我在寒冷的沙漠夜晚保持温暖。
2. 大热天穿的短裤和T恤。
3. 徒步靴。
4. 有许多口袋的厚马甲，可以装下我的日记本、画笔和照相机。
5. 太阳帽。
6. 用于观察野生动物的双筒望远镜。

到达博茨瓦纳

我进入卡拉哈里沙漠的起点是一个叫纳塔的小镇，它跨越了津巴布韦（就是我首先要坐飞机到达的地方）边界。大部分时间里我将乘卡车旅行，卡车不仅可以在城镇间平坦的路面上行驶，也能适应崎岖不平的路面——这样的路况会有很多。

卡拉哈里盆地

这是一个巨大的盆地状平原，南北距离约1600公里，东西最长可达960公里，横跨博茨瓦纳、纳米比亚和南非的开普省北部。这个盆地的西南地区每年的降雨量不到250毫米，东北地区每年的降雨量稍多些，但这些雨水降下后就会立即渗进深厚的沙土中。西南地区的自然条件意味着很少有树木或大型灌木丛能在那里生存，只有零星的灌木和草能如常生长。在卡拉哈里北部，常青树和落叶树点缀着大地。这种特有的地理环境使卡拉哈里成为典型热带草原生物群落。

南非

我安排好了和詹姆斯的会面，他恰好计划去温得和克维修他的"观光卡车"，我可以跟他同行。希望在我们到那里之前卡车不会罢工。我不打算开卡车越野行进太久，我更希望能徒步旅行。

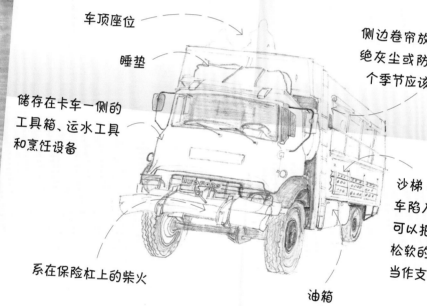

车顶座位

睡垫

侧边卷帘放下来可以隔绝灰尘或防雨（虽然这个季节应该不会下雨）

储存在卡车一侧的工具箱、运水工具和烹饪设备

沙梯（如果卡车陷入泥沼，可以把它放在松软的地面上当作支撑物）

系在保险杠上的柴火

油箱

野生动物可能和糟糕的路况一样危险——特别是当它突然从你眼前跑出来的时候！

奥卡万戈三角洲

当大雨降落在安哥拉中部的高地上时，水流产生的小溪向南流淌，便形成了奥卡万戈河。这条河全长 1600 公里，向东南流入卡拉哈里沙漠，在博茨瓦纳北部地区分成许多较小的河道，进而形成了奥卡万戈沼泽，也称奥卡万戈三角洲。这个三角洲的面积约为 15000 平方公里。纸莎草和芦苇遍布三角洲的低洼区域，而林地和草原则占据了三角洲较高的部分。

卡拉哈里沙漠

　　在纳塔小镇到马翁的路上，我一直坐在车顶。这条路位于卡拉哈里沙漠的边缘，像一条黑色的线穿过低矮的灌木丛，一直延伸到远方。

　　有几次，一群鸵鸟跑在我们的车前——它们在路上跑了一会儿，然后就转换方向了。刚才我们开车经过了一头死去的牛，巨大的秃鹫散布在尸体周围。

一只体型
极大、

面相凶恶、脸部下垂的**秃鹫**。

6

令人失望的是，除了鸵鸟，这一路上大部分时间我们都没有再见到什么野生动物，除了一些疣猪、坐在电线上的紫胸佛法僧和栖息在白蚁丘上的南黄弯嘴犀鸟。

这是一个白蚁丘，有时会看到鸟落在上面。

南黄弯嘴犀鸟黑尾白边。背部是醒目的黑白相间的图案。

下午6点，马翁

我们即将到达营地，并在那里停留一阵子。

哎哟！附近方圆几公里都没有大树。然后我们到了营地，这里倒是有很多树，树的枝条垂在路上……我坐在车顶的座位上，手臂被刺槐刺痛了。一根刺扎进了我的左肘并划开了一道伤口，所以现在我不得不拿出很多用来黏合伤口的蝶形胶布。

然后……

当我们打开帐篷时，这只紫胸佛法僧（右图）一直往地面上俯冲，想要捕捉被帐篷惊起的昆虫。

7

奥卡万戈三角洲

　　我今天要到丛林里去，并在那里待上几天。要到达那里，我需要先乘一小时左右的汽艇，然后在马翁北部的一个水牛栅栏旁再坐几小时的独木舟。这个栅栏的作用是防止牛进入沼泽地，同时还可以把野生动物关在外面。

　　我和两个杭布库须族导游——布兰登和索卡一起旅行，他们知道穿越湿地的路该怎么走。他们用竿子推动独木舟前进——**这让乘客非常放松**! 就因为太放松了，

**我差点儿
　　在小舟上睡着，**

　　因此没能看见一头路过的河马。

中午，在奥卡万戈三角洲

剪嘴鸥

某一刻，一大群剪嘴鸥
突然猛扑上来……

—— 非洲鱼鹰

一只鱼鹰潜入
它们中间并抓住了什么。

剪嘴鸥像黑白的纸屑一样飘动着。而当这只鱼鹰抓住猎物并飞到了河边的一棵树上时，附近的河马也开始闹腾起来。

傍 晚

我看到了五头大象和许多驴羚。

在撑船回我们露营的地方时，我期望着景色会更加美丽，结果真的如我所愿：芦苇上泛着午后的黄色光芒，丛林间回荡着窸窣的声响，天上更是挂着一轮满月。这场景如梦似幻，让人流连忘返。

然后……

天黑后，坐在营地里，我们听到了附近芦苇地传来的响亮的声音 —— 一场青蛙大合唱正在进行。

突如其来的火

7月21日，凌晨4:15

我的睡眠被帐篷边噼里啪啦的

大火声响打断了！

布兰登正试图吓跑两头靠近营地的大象。我没有见到大象，只看到大草原着火了，

整个灌木丛都
燃起了火焰。

索卡一边试图扑灭大火，一边对着布兰登大喊大叫，抱怨他太鲁莽了。我也在帮忙扑火……幸运的是，大火终于被我们扑灭了。

7月21日，上午

我在背包里发现了一只老鼠！

它个头很小，眼睛大而黑，看起来很可爱。它咬穿了一个装着一些面包卷的塑料袋。我从营地出来散步，周围有很多小苇羚、高角羚和一些疣猪。

10

对我来说，最开心的是遇到了一只在沼泽湖边饮水的赤驴羚（左图），并在附近见到两只肉垂鹤。赤驴羚没有意识到我们的存在，我们设法爬得离它非常近。赤驴羚低着头奔跑起来，仿佛是因为角太沉了，让它们不得不低下头。

转角牛羚

下午7点，回到营地

我们围坐在火边，一边烤着土豆，一边听着蛙鸣。

早上，索卡的脚踝受伤了，所以我们下午的行进速度就慢了下来。周围的大部分土地都被人为烧掉了，据布兰登说，这样做是为了促进新草的生长。

即便如此，我们还是看到了由四十多只角马、斑马和转角牛羚组成的野生动物群，还看到了小苇羚（上图）、驴羚和一只长颈鹿。这群动物开始移动时，扬起了漫天的尘土，真的可以让人联想到角马迁徙时的壮观景象。

丛林漫步

昨晚，营地附近狮子的吼叫声弄得我们睡不着觉。卡车司机詹姆斯说，如果遇到狮子或豹子，我们应该学习导游们的做法。

如果他俩逃跑了，那么我们应该跑得更快！

下午4点，和布兰登行走在丛林间

我的心怦怦直跳！我们一直追随着前面传来的声音，努力跟踪一只美洲豹。

它不停地咳嗽。我们循着它的咳嗽声穿过茂密的灌木丛，来到低矮的树下，不过我们弄出了太大的噪音，因而把它跟丢了。现在回想起来，追逐一只豹子听起来并不是明智之举——但我真的很想亲眼看到它。

雌性高角羚

后来，我们看到一只狒狒在左边一棵树上嚎叫，我们还看到几只转角牛羚、一只角马和一群高角羚。

我们在高角羚跑掉前到达了距离它们大约100米的地方，可以仔细地观察它们。

河马

　　河马是大型半水生哺乳动物，它们生活在非洲的东部、中部和部分南部地区。白天最热的时候，它们喜欢在河岸和湖边晒太阳；黄昏时，它们会去周围吃草。成年河马的体重可达1500 公斤。

8月23日，清晨

　　乘独木舟返回营地的途中，我们尽量远离河马。

　　众所周知，它们会弄沉船只，并且比鳄鱼要危险得多。因为鳄鱼只会在人掉进水里时冲过来。

这条长相凶恶的大鳄鱼正趴在岸上休息。

　　海岸线上有许多黑铁匠鸻（右图）。这种鸟的名字来源于它鸣叫时发出的砰砰声，听起来就像铁匠用铁锤敲打金属时发出的声响。

鸟瞰图

我从奥卡瓦戈三角洲回来后，紧接着跳上了一架轻型飞机，乘着它飞越了湿地。

正是傍晚时分，余晖照亮了树木和湿地。

我们低空飞过芦苇地、

四散的驴羚群和数百只水牛。我看到很多大象和河马在水里打滚，其中一只还极具自身特色地张着大嘴巴！

我可以从空中看到荒野的边缘，以连绵不断的水牛围栏为明显标记，将野生动物与牧民的牛分开。这些围栏曾用来防止野生动物的大规模季节性迁徙，但它们的存在也导致数百万动物因口渴和被铁丝缠住而死亡，所以现在许多地段的围栏已经被拆除了。

迁徙

博茨瓦纳的野生动物包括斑马、角马、水牛和大象，会根据季节在陆地上移动：在河边度过最干燥的几个月，到了多雨的月份再迁徙到卡拉哈里的草原。它们在一年中的不同时间内长途跋涉、大批迁移。

8月25日，驱车前往措迪洛山

我和詹姆斯一起继续往西走，前往温得和克。窗外是无尽的低矮灌木丛。休息的时候，我看到了一只豺狼将一只秃鹫从动物尸体上赶走。这里本来还有两只茶色雕，

后来两只肉垂秃鹫飞了过来，

双方便开始大打出手。

措迪洛丘陵

这是一张长角牛的速写，当时我们正在一个养牛场中，尽力用简易油桶接水。

成群的奶牛簇拥在一个手动水泵周围，扬起了滚滚尘土。画这幅素描的时候，一只头牛突然来到我身边，我很害怕它那不停扭来扭去的角刺穿我的身体。

水土流失

干旱、森林砍伐、火灾和农场动物的过度放牧，都可能会导致一个地区发生水土流失。这里的植物因放牧及踩踏而受到摧残，并且没有足够的时间生长和恢复。结果，植物死亡，植被下面的土壤被雨水和风冲刷或吹走，由此造成了沙漠化，曾经肥沃的土地变成了荒漠。

中午

　　我们在布须曼村停了下来，这里有很多传统的圆顶茅屋。

　　这个村庄是一个旅游景点，一堆有钱的游客让这里变得很喧闹，这让我觉得有点尴尬。从前，布须曼人穿梭在丛林中，过着游牧的生活。有些人现在仍保留着游牧的生活方式。

傍晚

　　我们在崎岖不平的沙土道路上驶向丘陵地带，这片丘陵是从成片平坦的灌木丛中延伸出来的。

　　平坦的地平线四周是一望无际的沙灰色地貌。一只疯狂的鹧鸪（右图）一直在我们的卡车前面飞跑。后来，它在车前方大约100米的地方停下来，并没有立即离开。

17

探索洞穴

7月26日, 下午, 措迪洛山的岩石群

侥幸逃脱!

我刚刚徒步行走了 5 个小时, 身上还背着一个鼓囊囊的背包和 4 升水。(现在水全部喝完了, 但我还是很渴)

我和一块一米宽的石头擦肩而过。当我正想从上面爬过去时, 它却突然倒了下来, 我赶紧俯冲到一边避免被砸到, 但膝盖却被划伤了。伤口需要很长的时间才能干燥, 而这时我又被一群蜜蜂轰炸了。(在我写下这段话的时候, 两只好奇的鹧鸪一直在盯着我看)

回到营地

一群疣猪经过营地, 我趁它们吃草的时候, 把它们画了下来。

这头体型庞大，长相凶恶的雄性疣猪不断地向我靠近，这就解释了为什么这幅画里，它的耳朵看起来有点虚——

因为我在发抖！

疣猪的尾巴在奔跑时会翘起，就像竖在空中的天线。此外，它们还会跪在地上吃东西。

我们的营地背靠着一处由大块岩石和洞穴组成的悬崖。我和詹姆斯一起爬了上去，某些落脚点真的非常狭窄！我捡起了两根黑白相间的豪猪毛（实际上有一根豪猪毛扎进了我的皮肤）也许这就是豪猪睡觉的地方？

措迪洛山

在博茨瓦纳共和国的西北部，靠近纳米比亚共和国的边界，有一个面积约为 10 平方公里的岩石区，其中藏有 4500 余幅岩画。这些画让现代人得以一窥 10 万年前这个地区人们的生活状况。当地居民认为这里是一个重要的朝拜圣地。联合国教科文组织将措迪洛山列入了世界文化遗产。

然后……

营地边上有只鬣狗，被我们的晚餐——烤山羊骨头吸引而来。当我意识到它就在我身后时，实在是大吃了一惊。

纳米布沙漠

7月27日，长途驱车抵达纳米比亚共和国的首都—— 温得和克

我们的下一个目标是朝着纳米布沙漠进发 —— 距离到达埃托沙国家公园还需要一个星期的时间。

除了被豪猪毛刺伤，我以为自己昨天是毫发无损地穿越岩石通道的。可直到今天，在土路上颠簸了几个小时之后，我才发现我的背部擦伤得很厉害。

清晨，我看到了这只猛雕。

7月28日

今天，我告别詹姆斯，搭上了保罗的便车。

我们现在乘坐保罗的喷砂卡车从温得和克往南走。当我们停下来休息时，发现矮树丛中有不少长着巨大的螺旋形的角的捻角羚，正在一些矮小的树中间躲避阳光。

20

纳米比亚就是这样一个荒无人烟的国家。出了温得和克之后，我们几乎没有见过任何房子。保罗告诉我，沿途有两种类型的栅栏：

- 一种是为牛设置的：普通的篱笆柱子上面有带刺的铁丝网。
- 另一种是针对捕猎设置的：用三股或四股钢丝做成，其中一些钢丝连接着顶部的电线。捕捉的主要对象是羚羊（比如捻角羚），人们猎杀它们以获取肉食。这种肉干可以在市场上买到，能保存很长的时间，是探险时的绝佳口粮。

外面的风很大，就像在刮沙尘暴，希望帐篷不会被风吹走！这是一次漫长而疲惫的驾驶，而且，越往西南方向行驶，沿路的景色就越发荒凉。

早些时候，我们穿过了一个平坦的半沙漠化平原。这个平原是在我们沿着一个蜿蜒的山谷前进时发现的。这里的绿色植物明显比我此前在纳米比亚见过的任何地方都要多。河床的某些地方甚至还有流水经过。

然后……

我在帐篷下发现了一只蝎子，并在一本关于南非野生动物的书里查到这种蝎子是可以致命的。

沙漠生活

拂晓，索苏维来，爬上沙丘

为了在沙丘之巅看到日出，我们要在日出前爬上沙丘。这是一项艰苦的工作，因为每跨出一步，身体就会轻微地下滑一些。

而且，天实在是太冷了！

我被吹了一脸的沙子，但是看到了绝美的风景。这里的一些沙丘是世界上最高的，可以达到 300 ~ 400 米。

纳米布沙漠

纳米布沙漠是位于非洲西南部的一个沿海沙漠。它毗邻大西洋，占地 5 万多平方公里。这座沙漠由沙砾平原、高山和大沙丘构成。沙漠中的一些野生生物，比如喜欢晒太阳的雾姥甲虫或者是千岁兰，都可以从清晨的海雾中获得湿润的空气。

巨大的沙丘，就像巨大的橘色海浪。

22

我所站的位置有一层白色的黏土层，这里曾经是一个浅湖。

水被移动的沙丘切断了，所有的树都因干渴而死，现在生长在这里的植物只有一丛丛的猪毛菜和奈良，因为它们可以靠晨雾中的水分生存。

大量含盐的沙砾随风乱舞，刺痛了我的眼睛。（写下这些文字的时候，我正用 T 恤盖着脸）我看见几只黑背豺正试图寻找庇护所。

这里仅剩的其他生命体似乎就是在沙丘中游荡的雾姥甲虫了。

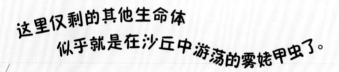

当雾从海岸飘来的时候，它们会爬到沙丘的顶端，让湿气浸透自己。不过今天是看不到它们了，因为天空万里无云……

7月30日，索利泰尔附近

在一个交叉路口，有尚未生锈（因为这里太干燥了）的破旧古董车停放在路边。

这里的土地完全干裂了——只见一大片点缀着零星杂草的沙砾地，到处都是干巴巴、灰突突的。

骷髅海岸

此时此刻，身处海边的我很难相信，就在一小时前，

我们还在酷热的沙漠里煎熬。

泥滩上有着数量稀少但品种优异的火烈鸟，泥滩背后有着绿色草坪以及配备了洒水装置的昂贵别墅。海岸边有穿着时髦的人在遛狗，还有大量被肢解（可能是遭遇了豺狼的袭击）的火烈鸟尸体散布在四周。然而，骷髅海岸这个名字并不是来源于这些死鸟，而是源于这片地区数量巨多的失事船只。

骷髅海岸国家公园

这个国家公园位于纳米比亚西北部，沿海岸从库内纳河一直绵延到乌加布河。汹涌的大海、浓重的海雾和强劲的洋流在这里造成了很多沉船事故，鲸鱼也常常在这里搁浅。导致这片区域到处都是鲸骨和废弃的船只。

鲸湾

鲸湾是纳米比亚一个拥有约10万人口的沿海城市。它是一座天然的避风港，所以成了繁忙的渔船和其他船只的停靠点。包括火烈鸟和鹈鹕在内的众多鸟类填满了鲸湾的潟湖。位于鲸湾城郊，高达388米的7号沙丘，是世界上最高的沙丘之一。

傍晚，下一个沿海城镇——斯瓦科普蒙德

我计划停留的营地位于一个居民区内。这里的每个运动场内都有独立的淋浴区和厕所，感觉一点儿都不像在非洲。

一个世纪前，当纳米比亚还是"德属西南非洲"的时候，斯瓦科普蒙德镇就是一个重要的港口。电影明星安吉丽娜·朱莉在这里生下女儿希洛后，这座城就出名了。现在，这个小小的海滩度假村给人感觉既不太像纳米比亚，也不太像德国。

海豹聚集地

8月1日, 清晨, 沿着骷髅海岸行驶

有人用贝壳堆成了"骷髅海岸"的字样, 还用海豹的肋骨和海豚的头骨在沙滩上做了一副骨架。

一艘搁浅的拖网渔船——泽利亚号的残骸

这里的沿海沙漠被大风和盐分侵蚀得很厉害。

周围只有平坦的砾石。但如果你仔细观察, 就会发现一些小石头上还长着五颜六色的地衣。

路边的指示牌上写着, 请游客千万不要践踏这些地衣, 因为它们很脆弱, 需要很多年才能长出来。

26

十字角海豹保护区

　　十字角海豹保护区靠近斯瓦科普蒙德，那里是世界上海豹繁殖最多的地方之一。在繁殖季（11月至12月），十字角的海豹数量可达20万只。寒冷却富含营养的本格拉寒流为海豹、虎鲸和鲨鱼提供了许许多多的鱼类作食物，黑背鸥、鸬鹚和西非燕鸥也会在海浪上翱翔。

　　这里布满岩石的海岸是海豹和海狮的天堂。南方海狗也聚集在十字角的海狮群中。汹涌的海浪拍打着海岸，岸边有数百只在水中嬉戏的海狮，还有些海狮侧躺着，把鳍伸在空中。雌性海狮和幼崽们大多趴在岸边……

哦，这里可真臭!

下午2点，驶进内陆

　　突然，一只鸵鸟不知道从哪里窜到了路边。

　　我还发现了这株雄性千岁兰。这是一种不可思议的植物 —— 非常非常独特 —— 而且生长缓慢。雄性千岁兰呈鲑鱼色，而雌性则是绿色的，它们能够存活2000年之久!

27

埃隆戈区和库内尼区

我住在一个猎豹农场，这片区域在种族隔离时期被称为达马拉兰，现在叫作埃隆戈地区和库内尼地区。我刚刚

被一只猎豹舔了！

这是农场驯养的四只猎豹之一。也许是因为我最近没洗过澡，身上有汗味，所以那只猎豹走过来，开始

舔我的腿！

起初，我以为它要咬我。它的舌头就像粗糙的砂纸，让人不太舒服，但我不想做出任何突然的举动来惹恼它。

当猎豹用砂纸般的舌头摩擦你的膝盖，用鼻子蹭你的大腿的时候，你会深刻地感受到它们身形巨大、面目凶狠。

我站在一辆小型货车的后面，看着这些半野生猎豹在一个巨大的围场里被喂食。灌木丛茂密而多刺，这意味着当大型猫科动物冲向它们的猎物时，经常会被灌木丛刺到脸部。此外，当地农民也会伤害猎豹。猎豹农场的出现让这些猎豹在被放归丛林前，能够受到应有的保护。

这是我们最先看到的两只猎豹中的一只。

猎豹保护基金会把大型安纳托利亚牧羊犬送给养羊户，保护他们的羊群免受猎豹的攻击。牧羊犬大叫时会把猎豹吓跑，这样农民就不必再射杀它们了。

午后，去埃托沙的路上

纳米比亚西北部如同无人之境一般。

一路向前，荒芜的沿海沙漠逐渐被低矮的山丘取代。干涸的河道边也有了更多的灌木丛和零散的树，但肯定不到郁郁葱葱的程度。猎豹保护农场的向导西尔维娅说过，这里已经两年没有下过雨了。

有的时候，我们能从卡车上看到一些人，就像这些赫雷罗族的孩子（上图）。我们还看见远处有一间小屋，但没有发现村庄。

通往埃托沙的路上

长颈鹿的颜色千差万别。有些非常浅，而另一些则呈深棕色或微红色。

长颈鹿的斑点不是随机的。我们可以顺着它们之间浅色的线条发现斑点分布的规律。

特威菲尔泉地区的科伊桑族岩石艺术画

这个山谷里的岩石艺术画创作于几千年前，有些甚至可以追溯到一万年前。这些绘画中有长颈鹿、鸵鸟、犀牛和一些生活在海边的动物（包括海狮）。许多图画是用红色赭石绘制，而另一些则被蚀刻在砂岩中。

这幅画画的是"狮子人"，因为它的脚掌上有五个脚趾。画这幅图的古代猎人肯定知道狮子只有四个脚趾，所以这是不是意味着他画的其实是个半狮半人的生物？谁知道呢！

保罗今天早上要去一个辛巴族村庄，然而我的感受却有些复杂。

这个村庄是许多游客的必经之地，游客给村庄带来了收益。但我很想知道村民的实际受益有多少。

有些妇女的皮肤上涂了一层红赭色颜料（象征着土地和血液），同时还用传统的方式在头发上涂上红土。

**她们的珠宝是
用皮革、草、布、
铜和鸵鸟壳等
材料制成的。**

导游告诉我们，辛巴族人成功地保留着原始的生活形态，他们极力阻止沿库内纳河兴建水坝，因为水坝建成后，洪水将淹没他们自古以来居住的地方。

31

埃托沙国家公园

我刚刚看到 两头黑犀牛！

这是我在进入国家公园前看到的，我本来以为躲在灌木丛后面的动物是疣猪，但它们个头太大，又不太像疣猪。

这两头犀牛跟我们的卡车并排跑了一会儿后，就从多刺的灌丛间隙中离开了。

黑犀牛

白犀牛和小型黑犀牛都生活在非洲。黑犀牛过去常常因为人们想要牛角而被猎杀，现在已经是极度濒危物种，世界上现存的黑犀牛仅几千只。黑犀牛是食草动物，生活在大草原、林地和湿地中，高度可达 1.5 米，重量可达 1400 千克。

接下来的几天我会继续待在公园里。现在，我正眺望着一片荒凉的草地，草地的后面有一片白色的盐田。一下雨，盐田就会变成一个巨大的咸水湖。这里有很多斑马、角马，还有几只高角羚。

布氏斑马，每一只布氏斑马都有自己独特的条纹。

8月4日，上午8:30

我一大早被丢在一个观猎平台上，俯瞰着下面的一个水塘，以及那些早起的"居民"。

天太冷了，我几乎没法写字。此时此刻，水塘边只有一头豺狼，之前我还看到了长颈鹿和鬣狗在水塘边漫步。

然后……

这头巨大的公象到水塘边来喝水。还有一头虚张声势的年轻公牛，正怒气冲冲地快速拍打自己的耳朵。

在水塘边

两个半小时之后，尽管风依然很大，天依然很冷，但是我看到了很多野生动物。

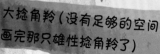

大捻角羚（没有足够的空间画完那只雄性捻角羚了）

目前有超过25只斑纹角马在吃草，

它们靠得很近，鬃毛和尾巴在风中摇摆。这场面太壮观了。

34

我和一位来自美国马里兰大学的动物学家玩了个游戏 —— 统计动物的数量。

今天早上我花了几个小时，加上昨天的大约一个小时，记录下了

水塘周边的羚羊群和斑马群

的种类及运动方向。

埃托沙盐沼

埃托沙盐沼是位于纳米比亚北部的一个平坦的盐滩。

库内纳河曾经向南奔流，形成了一个大湖。但后来河水改变了河道，留下一个满是盐、沙子和泥土的干盐地。除了一种蓝绿色的海藻和一些草，很少有植物能在这里生长。

这个水塘是人造的，其中的水是用水泵从地下抽上来的。但这片区域的问题在于过度放牧，食草动物（比如斑马）吃掉了盐滩上仅有的草，最终把它踩成了沙土。

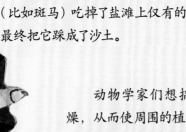

展翼低飞的红翼领燕鸻在捕食飞虫。

动物学家们想搞清楚是否能让水塘在一段时间内保持干燥，从而使周围的植物得以重新生长。晚上，另一群人使用夜视装备继续计数。我原本希望能参与夜间工作，但当今天早上我再次见到昨晚那群人，发现他们看起来完全冻僵了的时候，我又庆幸自己没有选择夜间工作。

行驶在公园里

今天早上我和当地的一名司机 —— 雅巴罗一起来到公园，我们看到一头黑犀牛妈妈和她的孩子在水边喝水。

小黑犀牛原本在吮吸妈妈的奶，不一会儿，黑犀牛母子俩犹豫着退开了，因为一头公象来到了水边喝水。然后，另外一头黑犀牛到来了，这只雄性犀牛与黑犀牛妈妈发生了短暂的对峙。

只见她吼了一声，然后转过了身去。

我们现在已经看到了很多黑犀牛。雅巴罗感叹道：

"这些走来走去的犀牛
值一大笔钱啊！"

一下子看到这么多犀牛，会让人忘了其实它们因偷猎者的捕杀已经变得十分罕见。

36

我很想自己走路穿过丛林，尤其是森林草原。比起待在汽车里，徒步穿越草原更令我兴奋。但在这里，被狮子攻击的风险太大了。

此刻，我就看到两头狮子正在灌木丛下打瞌睡，旁边有一群跳羚，还有一些长颈鹿在低矮的金合欢灌木丛中觅食。

夜间驾驶

雅巴罗晚上开车带我出去寻找狮子。

天气太冷了，我并不期待我们会有好运气可以看到狮子。我把所有的衣服都穿上了，身上还裹着一条毯子，

可还是要被冻僵了！

但我们的收获远比预料的要多。三头狮子悄悄地来到了我们的路虎车旁！我当时非常震惊，以至于当我拿出素描本时，它们已经坐下来休息了。

发现野生动物

明天我就要离开埃托沙并从沃特堡开始往回走。但在我离开之前，

我看到了这只猥羚，它们只生活在非洲南部。

还有一头进入水塘喝水的狮子。喝完水后，这头狮子用它的小便在水面上做了一个标记，然后用腿朝它刚刚站立的地方踢了几下，这么做的意思是告诉其他的狮子：

"这是我喝水的领地，离远点！"

一只喝水的长颈鹿。

长颈鹿显然是在短时间内完成喝水的，因为：

- 当长颈鹿低头喝水时，它们很容易受到捕食者的攻击。
- 它们必须关闭血管来阻止颈部的血液流入脑袋。当它们开始感觉头痛的时候，就会立刻抬起头来。

日落时分，我发现了这只黑背豺低着头小跑进来侵扰埃及雁。

39

在山中徒步旅行

今天早上我搭了一对美国夫妇的便车回温得和克，我们在途中的一个岩石高原停了下来。

云！天上飘着几朵云！

这几乎是我来纳米比亚后第一次见到云。

爬上高原（上图）后，我们通过悬崖边的裂缝爬进了高高的森林里，那里是岩蹄兔的聚居地。

40

岩蹄兔

岩蹄兔是一种小型无尾哺乳动物，它可以长到55厘米长，将近5公斤重。它们有棕灰色的皮毛，腹部颜色较浅，嘴唇上部还有一对又小又尖的牙。它们以草和树叶为食，分布在非洲和中东地区。

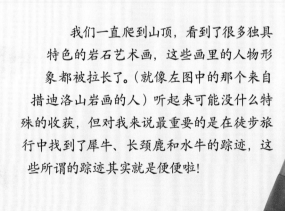

我坐在小溪边，聆听着汩汩的流水声。这是我来到纳米比亚后第一次见到流动的水，我想这就是给这个地方取名"水山"的原因。无论我怎么努力，画出的岩蹄兔看起来都像卡通形象！有三只岩蹄兔突然探出头来看了我很长的时间。

我们一直爬到山顶，看到了很多独具特色的岩石艺术画，这些画里的人物形象都被拉长了。（就像左图中的那个来自措迪洛山岩画的人）听起来可能没什么特殊的收获，但对我来说最重要的是在徒步旅行中找到了犀牛、长颈鹿和水牛的踪迹，这些所谓的踪迹其实就是便便啦！

然后……

我们听到类似豹发出的吼声，于是赶紧回到了车上……

瓦特贝格高原

8月8日，上午8:30，沿着山谷行走

我在瓦特贝格公园扎营住了下来。

现在正顺着一条小路往前走，希望这条小路能沿着山谷斜坡一直延伸到高原的顶端。

然后我打算在周围转转，直到找到一条溪流，然后顺着它回到山谷。

周围有几十只鸟，尤其是红嘴弯嘴犀鸟（下图）。我刚刚把一只真正的赤褐色薮羚赶了出来。

公园里的侵蚀砂岩构成的壮观形状。

42

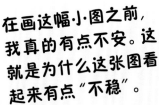
下 午

在画这幅小图之前，我真的有点不安。这就是为什么这张图看起来有点"不稳"。

当时，我正走在通向露营地的干涸河床上，忽然听到左边的灌木丛中有沙沙的声音跟着我。我听到了前面传来一声类似狗叫的声音，结果看到的是狒狒。

瓦特贝格高原

这是一座顶部平坦的山脉，位于纳米比亚东部的卡拉哈里沙漠，有420米高。红砂岩悬崖被周围的大草原所包围，这里是超过二百种鸟类（包括稀有的南非兀鹫）以及二十多种哺乳动物（包括黑白犀牛、水牛和长颈鹿）的家园。这个地区自1972年以来已成为一个自然保护区。

当我转过身，却发现了三四头水牛，周围或许还有更多。而当我慢慢拿出我的素描本时，一只雄性大狒狒突然从我面前冒出来，冲我大声哼了一声。

我的手抖得很厉害，差点把铅笔掉在地上！

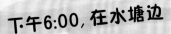
下午6:00，在水塘边

我看到有松鸡和至少28头水牛来水塘边找水喝。

一头个头很大的小水牛一直在试着吃奶，但是它的妈妈被惹烦了，径直坐了下来。有些水牛相当"小心眼"，时不时互相置气。

白犀牛

**在外面寻找了一天的
犀牛之后, 我再次感觉快要冻死了。**

我之前在水塘边见到过一些大林
羚, 它们的举动笨拙, 一点儿都不优雅。
后来一群水牛取代了它们, 还有四只长颈鹿……只是光线太暗了, 我没法
再一一画下去了。

在瓦特贝格的最后一天

我和导游丹尼尔一起追踪白犀牛。

我们看到的南方白犀牛体型 **巨大**

大约有一辆面包车那么大, 比我在埃托沙见到的黑犀牛大得多。

丹尼尔和我一起追踪
白犀牛

44

我们通过寻找它那拳头大小·的粪便来跟踪它。 潮湿的粪便意味着它离我们很近。

我们得一直绕着圈子，保证自己在犀牛的逆风方向，这样我们的气味就会被吹走。但这同时意味着我们会闻到犀牛的味道——

嚯！臭气扑鼻！

终于，它慢吞吞地穿过了多刺灌木丛，停在了大约 10 米开外的位置。这已经足够近了，感谢老天！然后，它的神经突然崩溃了，然后向后倒了下去。这太令人**惊愕**了！

我们再也没有见到那头犀牛，但回程本身就是一场冒险，因为沿途不断有斑马、捻角羚，甚至是几只长颈鹿出没。

然后……

我有重要的事情要做。离我从温得和克飞回家还有两天——但我距离温得和克仍然有 300 公里。所以我得找到合适的交通工具——能让我越快到达那里越好！

令人惊讶的是，我最终居然及时赶上了回家的航班。当我回到露营地时，来了几辆观光车，于是我就四处打听可以找谁搭个便车。幸运的是，有一对南非夫妇第二天就要返回温得和克，我问他们是否能搭他们的车一起回去 —— 他们答应了。

现在，我已经到家了。自从我从非洲回家以来，外面的雨就没停过。经历过卡拉哈里那样干燥的环境之后，这样的雨让我感觉有点奇怪。我告诉自己，我不会认为下雨是理所当然的；但我可以肯定，在经历过几个月连绵不断的毛毛雨后，我又会改变想法了。

那么下一次探险又是什么时候呢？我已经历过"干燥的非洲"，所以打算在雨季时再度探访那里！

附言：我的下一次非洲之旅探索了位于非洲大陆中心的热带稀树草原和加蓬的热带雨林。我跟踪了大猩猩，蹑手蹑脚地走到了鲜橙色的"红河野猪"（有点像丛林疣猪）身边，并且发现当一头大象一动不动地站在树后时，人能够离它非常非常近。

埃托沙国家公园

埃托沙盐沼位于纳米比亚埃托沙国家公园的中心。公园面积约 22270 平方公里（几乎相当于半个瑞士）。这座公园是一个巨大的野生动物保护区，是狮子、大象、犀牛、大林羚、斑马和跳羚等野生动物以及大量鸟类（包括火烈鸟、秃鹫、隼、鹰和鸵鸟）的栖息地。

公园东部以热带稀树草原植被（包括野生无花果和枣椰树）为主。公园西部以多刺灌木丛（包括辣木树）为主。该公园是纳米比亚一个重要的旅游中心，是观赏几乎所有非洲著名野生动物的最佳地点之一。

AFRICAN SAVANNAH

First published in Great Britain in 2018 by The Watts Publishing Group

Text and Illustrations © Simon Chapman, 2017
All rights reserved

"企鹅"及其相关标识是企鹅兰登集团已经注册或尚未注册的商标。未经允许，不得擅用。封底凡无企鹅防伪标识者均属未经授权之非法版本。

版权贸易合同登记号　图字：01-2021-3454

图书在版编目（CIP）数据

我的探险研学书：关于沙漠、湿地、高山、草原、雨林冒险的生命体验. 非洲大草原/（英）西蒙·查普曼（Simon Chapman）著；陈蜜译. -- 北京：电子工业出版社，2022.1

ISBN 978-7-121-42498-4

Ⅰ.①我… Ⅱ.①西…②陈… Ⅲ.①草原－探险－非洲－普及读物

Ⅳ.① N8-49

中国版本图书馆 CIP 数据核字 (2021) 第 265942 号

责任编辑：潘　炜
印　　刷：北京盛通印刷股份有限公司
装　　订：北京盛通印刷股份有限公司
出版发行：电子工业出版社
　　　　　北京市海淀区万寿路 173 信箱　　邮编：100036
开　　本：787×1092　　1/16　　印张：18　　字数：360 千字
版　　次：2022 年 1 月第 1 版
印　　次：2022 年 1 月第 1 次印刷
定　　价：240.00 元（全六册）

凡所购买电子工业出版社图书有缺损问题，请向购买书店调换。若书店售缺，请与本社发行部联系，联系及邮购电话：（010）88254888，88258888。
质量投诉请发邮件至 zlts@phei.com.cn，盗版侵权举报请发邮件至 dbqq@phei.com.cn。
本书咨询联系方式：（010）88254210。influence@phei.com.cn，微信号：yingxianglibook。